目錄  Content

出版：超媒體出版有限公司

Printed and Published in Hong Kong

版權所有．侵害必究

聲明：本書內容純粹作者之個人意見，並不代表本公司的任何立場。本公司對本書內容的完整、準確及有效性不作任何形式的保證。因使用本書所載的任何資料、或因根據本書任何資料作出行動而引致任何人士之任何損失、毀壞或損害（包括但不限於附帶的或相應而生的損失、毀壞或損害），本公司概不承擔任何法律責任、義務或責任。

1. 破鈔還原

表演步驟

◀ Step 1：表演者向觀眾借來一張一百蚊紙幣

◀ Step 2：把紙幣對摺再對摺。撕去其中一角。

◀ Step 3：表演者把紙幣翻開，紙幣竟然完整無缺。

解開謎底

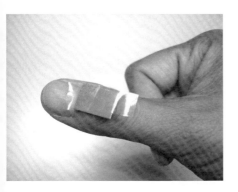

◀Step 1：在雜誌剪一個顏色與 100 蚊紙幣顏色相若的紙條出來，貼在手甲上。

◀Step 2：撕掉紙幣的角落，其實是向上摺。

◀Step 3：同時把手甲的紙條脫下來，好像已撕爛了一角一樣。

2. 白紙變銀紙

表演步驟

　　展開一張白紙，表演者由左至右對摺再對摺，最後上下對摺一下，向白紙吹一口氣，白紙立即變出了一張一百大元的鈔票來，真神奇！

▲ Step 1：展開一張白紙

▲ Step 2：由左至右對摺兩次

▲ Step 3：向白紙吹一口氣，白紙立即變銀紙！

解開謎底

白紙變銀紙的做法相當簡單！步驟如下 (圖 4-9)：

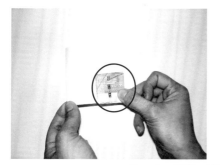

▲ Step 1：其實，表演者在背後藏了一張紙幣

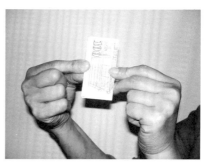

▲ Step 2：把白紙對摺好後，表演者假意吹一口氣，實則是趁觀眾不為意時把鈔票的那一面反出來。

▲ Step 3：把鈔票展示出來，再把裡面的白紙收入手心裡，不要讓觀眾看見！

3. 手帕變鈔票

一條普通的手帕竟然變出了三張 20 元的硬幣，真神奇！

表演步驟

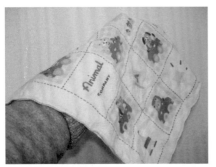

▲ Step 1：表演者展開一塊大手帕，兩面交代一遍，再將雙手也交代一下，證明沒有秘密，然後將手帕蓋在左手掌上。

▲ Step 2：右手掌搭在左掌上，合力將手帕揉成一團。

▲ Step 3：在上面吹口氣，展開手帕團一看，卻從裡面取出了一疊鈔票。每張 20 元，數了數，正好是 60 元。

解開謎底

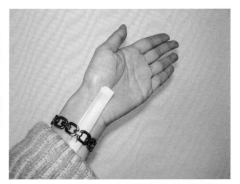

▲ Step 1：準備二十元面值的鈔票三張，再將鈔票卷成一小筒，夾在錶帶上，讓袖管遮著，不給觀眾看見。

▲ Step 2：手帕蓋在左手上

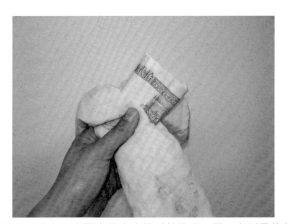

▲ Step 3：右手掌搭在左手掌上，表面上是合力把手帕扭成一團，實則是將藏在左手手腕的鈔票卷拉出，並落入左掌心中。這樣，空帕變鈔票的奇妙現象即告完成了！

4. 一張鈔票變三張

有錢不嫌多，這個變錢的魔術遊戲，觀眾一定看得心花怒放！

表演步驟

▲ Step 1：表演者右手從口袋裡取出一張十元鈔票，隨手交給左手握著，先將手心和鈔票正面亮給觀眾看一遍。

▲ Step 2：再將手背轉向觀眾，將鈔票反面也向觀眾過目。

▲ Step 3：隨後將鈔票豎起向裡對摺，在鈔票上吹口氣，馬上展開成扇形，有趣的是，原來的一張鈔票，現在卻變成五張了。

解開謎底

▲ Step 1：準備二十元面額的鈔票三張，將其中兩張摺成四摺夾在左手心裡。

▲ Step 2：出場時，雙手自如下垂，左手背向觀眾，右手從口袋裡取出一張十元鈔票，向觀眾亮一亮，隨手交至左手，將夾藏在左掌心中的鈔票遮住。

▲ Step 3：右手大拇指伸入左手心裡，將兩摺鈔票和上面的這張鈔票取過來，這樣，左手便空無一物。兩摺鈔票向著表演者，有前面一張鈔票作掩護，觀眾從前面看去，只會看到一張鈔票。

▲ Step 4：右拇指暗將兩摺鈔票橫轉過來。接著，將面向觀眾的那張鈔票向裡摺疊，再將鈔票一起翻開，並順勢展成扇形向觀眾展示，一張變三張的奇妙現象便出現了！

5. 紙幣凌空飄起

表演步驟

　　表演者向觀眾借來一張紙幣，將紙幣摺成條狀，分別用雙手的大拇指托著兩邊。突然，其中一隻手鬆開，紙幣沒有掉下來，竟然凌空漂浮空中！

小貼士

　　硬幣以 5 毫子的效果最佳，向觀眾借的鈔票則以 100 元最好！

解開謎底

▲ Step 1：表演者暗地裡在手中藏了一枚硬幣，右手假裝夾著紙幣，拇指趁機把硬幣放進紙幣裡。

▲ Step 2：兩手將紙幣對摺，把硬幣也包入其中；再把紙幣摺成條狀，夾住硬幣使其不易滑動；摺好後用兩手的食指和拇指捏住紙幣兩端舉起，拇指托住紙幣後移去食指；把左手鬆開，紙幣就神奇地漂浮了！

▲ Step 3：攤開紙幣時，悄悄地把硬幣隱藏到手指縫隙中，即可瞞天過海！

6. 買火柴盒送 $10

表演步驟

　　表演者拿出一個火柴盒，打開給觀眾看，證明裡面全是火柴，並無異樣。但表演者握著火柴盒上下搖動，並唸出魔法咒語，火柴盒竟然跌出一張 $10 鈔票！

解開謎底

　　表演者打開火柴盒給觀眾看，證明裡面全是火柴，但其實，$10 鈔票一早已藏在內盒的另一端，只是觀眾看不到而已！當表演者將內盒推入外盒內，內盒另一邊的鈔票就會露出來，表演者把鈔票拿起再展開給觀眾看，觀眾一定很驚訝！

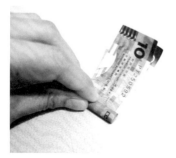 

▲ Step 1：事先準備一張 10 元鈔票，並把它摺到如上圖般細小。

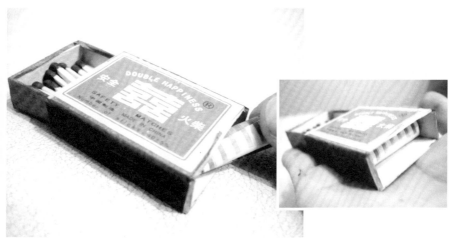

▲ Step 2：把 $10 鈔票藏在內盒的另一端。當敞開火柴盒給觀眾「驗明正身」時，觀眾根本不知道真正的玄機是在內盒裡！

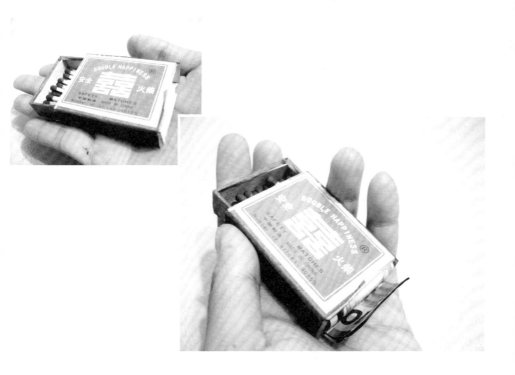

▲ Step 3：把內盒推回去時，內盒另一邊隱藏著的鈔票就要被推出來，就可以做出火柴盒變鈔票的魔術效果了！

7. 破壞紙幣

被刺破的紙幣如何能夠完整復原？讓我示範一下這個魔術啦！

表演步驟

▲ Step 1：首先，準備一張一百元的鈔票，再剪裁一張與一百元鈔票一樣大小的紙張。把一百元鈔票與白紙重疊後對摺，用鉛筆將紙鈔和白紙刺穿。

▲ Step 2：打開後白紙已破損

▲ Step 3：一百元鈔票卻完整無損！

解開謎底

▲ Step 1：先用刀片在對摺處割出一條直線

▲ Step 2：鉛筆先小心穿過紙幣再刺穿白紙即可。完成這個魔術後，表演者再攤開紙幣，觀眾是很難察覺紙幣中間被戳穿了一小截的。

8. 十元變五元

明明拿著一張 $20 紙幣，右手在紙幣上面拍幾拍，竟變出 5 張出來！

表演步驟

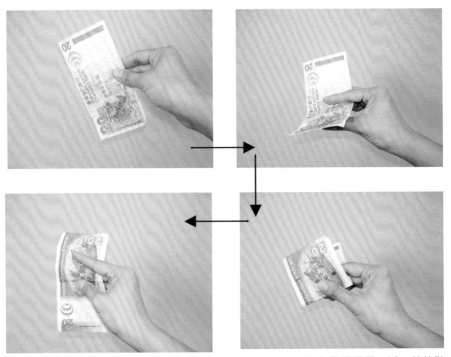

▲ Step 1：表演者右手從口袋裡取出一張 20 元的鈔票，正反面向觀眾展示一遍，然後隨手交給右手握者，同樣兩面讓觀眾看清楚，表明鈔票並沒有任何秘密。

▲ Step 2：把鈔票由右手交到左手。

◀ Step 3：接著，將鈔票橫握在左手中，右手指背對著鈔票輕拍幾下。

◀ Step 4：將鈔票向裡對摺起

◀ Step 5：一會兒，像摺扇似的一疊鈔票出現在兩手中了，數了數，共五張，正好是一百元呢！

解開謎底

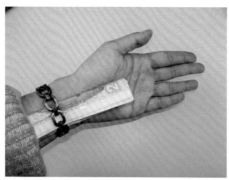

▲ Step 1：表演之前，事先準備好五張二十元面額的鈔票，把其中一張放在右邊口袋裡，另四張橫向對摺，一端插入左手錶帶裡，另一端露於手腕處。表演時，左手自如下垂，手背向觀眾，這樣，左掌手腕處的秘密觀眾就不會看見了。

▲ Step 2：到了第 3 步，右手將鈔票橫轉後，插入左手上的一疊鈔票裡。假意用右手指將這張鈔票從左向右輕拍幾下，乘機將鈔票從袖管中拉出來。將前面的這張鈔票順著裡面這疊鈔票橫向對摺在一起。

▲ Step 3：把整疊鈔票豎起，微微作晃動，然後，在晃動中將這疊鈔票拉平，展成扇形亮給觀眾看。

9.1 蚊變 2 蚊

　　向觀眾清楚展示一個一元硬幣，但數了三聲之後，1 蚊變成了 2 蚊！究竟秘密在哪裡？

表演步驟

▲ Step 1：請一位觀眾坐在你的對面，請他伸出右掌。這時，你從口袋裡取出一枚一分硬幣，讓他看清楚，然後一邊喊：「一．二．三」，一邊將這個硬幣遞在他手裡。

▲ Step 2：當喊到「三」時，請他立即握住遞到他手上的硬幣，並請他猜一猜自己手中握的是甚麼硬幣。這位觀眾不加思索地說：「一元！」但當他張開手掌一看，一元竟變成了兩元了。

解開謎底

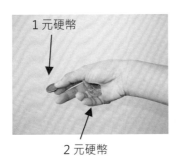

1 元硬幣

2 元硬幣

◀Step 1：原來表演者從口袋裡取硬幣時，一共是兩枚，一枚是一元，一枚是兩元。一元的捏在食指與大拇指上，另一枚兩元則藏在中指、無名指和小手指的指縫裡。因事先沒告訴對方變甚麼魔術，他只注意所交代的一元硬幣，不會懷疑你手掌指縫裡還有另一枚兩元硬幣。

▲ Step 2：邊喊「一，二，三」，邊將硬幣遞到他手上，只是每喊一個數字，都要手舉過頭。當喊到「二」時，就乘機將一元硬幣放落頭頂上，用頭髮遮著，注意：小心硬幣丟下來！喊到三時，就將手掌指縫中的這枚兩元硬幣迅速退出，遞到觀眾手裡。

10. 變出一袋錢

四個硬幣就能變出一袋錢，你想試試嗎？

表演步驟

▲ Step 1：向觀眾展示布袋，證明裡面空無一物，亦無機關。把四枚硬幣放在書上，再打開布袋，邊唸咒語，邊把書上的錢幣倒入袋中。

▲ Step 2：倒完後，往布袋裡一看，整個布袋都擠滿硬幣！

解開謎底

把字典翻到一半的地方，在書頁和書背之間會出現一個隙縫。把硬幣藏在隙縫裡，當闔上字典時，硬幣會安全地夾在裡面，觀眾不會察覺。向布袋倒硬幣時，字典上的硬幣和藏在字典隙縫裡面的硬幣就會一併倒出來。

11. 空碗變錢

表演步驟

找來兩個空碗，碗口向下重疊，表演者施魔法後，碗裡面竟然多了一個硬幣！究竟表演者怎樣在神不知鬼不覺的情況下把硬幣混進去的？

▲ Step 1：兩個大碗裡空無一物

▲ Step 2：略施魔法後，碗裡面竟然多了一個硬幣。

解開謎底

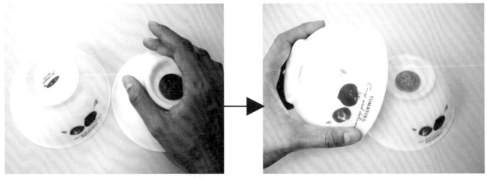

▲ Step 1：表演者一早已把硬幣藏在手裡，當兩個碗碗口向下時就偷偷把硬幣藏在右邊碗裡。

▲ Step 2：接著，把左邊的碗提起。

▲ Step 3：迅速把左邊的碗蓋在右邊的碗上

▲ Step 4：將兩個碗一同反轉，碗口向上。

▲ Step 5：將上面的碗反轉蓋在下面的碗口上

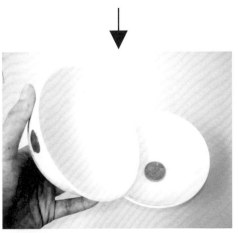

▲ Step 6：請觀眾打開碗，錢幣已在碗內！

12. 錢幣穿洞

表演步驟

一個一元硬幣竟然可以穿過一個只有五毫子大小的小孔，有可能嗎？

解開謎底

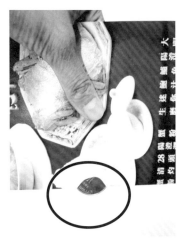

▲ Step 1：將一元硬幣套入小孔

▲ Step 2：雙手抓住紙張，並且向內聚合。

▲ Step 3：一元硬幣就成功穿過小孔了，神奇吧！

13. 一蚊變兩蚊

表演步驟

表演者用食指和中指踏在一枚硬幣上來回魔擦，擦呀擦！突然多了一枚硬幣，一蚊變兩蚊！

▲ Step 1：表演者手上有一枚硬幣

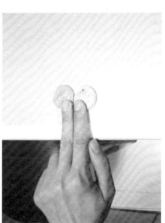

▲ Step 2：來回摩擦後，硬幣一枚變兩枚。

解開謎底

原來，表演者事前在桌邊黏著一枚硬幣，當食指和中指踏在一枚硬幣上來回魔擦時，拇指乘機把另一枚硬幣移上來即可。

▲ Step 1：表演者表面上在摩擦硬幣

▲ Step 2：實情是暗地裡把黏在桌邊的硬幣取過來。

14. 硬幣迅速消失

表演步驟

　　表演者手拿著硬幣，一吹氣，硬幣不見了；再吹氣，硬幣又回來了！究竟原理又是甚麼？

解開謎底

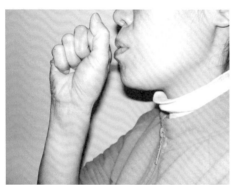 

▲ Step 1：先拿起硬幣，使硬幣盡量靠近食指和拇指口，然後假裝吹一口氣，吹的時候順便把硬幣含在嘴裡，然後把手攤開，表示手上的硬幣消失了。

▲ Step 2：再握拳，放在嘴邊假裝吹氣，其實是把硬幣吐回手上，手攤開後，硬幣又出現了！

15. 磨擦生錢

表演步驟

▲ Step 1：表演者展示一張紙幣

▲ Step 2：向觀眾表示只要他用這張紙幣去磨擦一下頸部，即可變出多一張紙幣！

解開謎底

▲ Step 1：原來，表演者一早在衣領裡藏了一張紙幣。

▲ Step 2：他假意用手在頸上磨擦，其實是悄悄地取出這張紙幣，做出磨擦生錢的效果！

16. 硬幣穿瓶

表演步驟

一枚普通的硬幣，一個普通的瓶子，卻產生了奇跡效果，硬幣瞬間穿越瓶子中。

 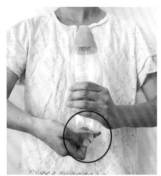 

▲ Step 1：表演者左手拿著一個膠瓶，右手拿著一枚硬幣。

▲ Step 2：右手用力把硬幣擊向膠瓶

▲ Step 3：硬幣竟能穿瓶而過，闖進瓶子裡。

解開謎底

其實，硬幣早已匿藏在瓶子裡，全是掩眼法。步驟如下：

▲ Step 1：把硬幣卡進瓶口，再蓋上蓋子，掩人耳目。

▲ Step 2：硬幣早已匿藏在瓶子裡，因此，表演者要設法把右手的硬幣棄掉。做法是：表面上，表演者是右手用力把硬幣擊向膠瓶，其實是暗地裡把右手裡的硬幣拋給左手，左手接到硬幣後要迅速接著，並馬上收好。

▲ Step 3：在右手拋掉硬幣的同時，右手撞向膠瓶底，這個力度足以把卡在瓶口的硬幣掉入瓶底。

▲ Step 4：觀眾目瞪口呆，他們以為硬幣穿透了膠瓶，其實，硬幣一早已藏在瓶裡；而右手用來敲擊瓶底的硬幣，早已送到左手手心裡。

17. 消失的硬幣

表演步驟

在眾目睽睽之下，硬幣竟然憑空消失了，真神奇！

▲ Step 1：桌面上有一個硬幣、一個杯子和一個紙筒。

▲ Step 2：為了增加神秘感，我們先讓杯子套上紙筒。

▲ Step 3：將杯子和紙筒放在硬幣上面

▲ Step 4：施個魔法

▲ Step 5：登登登……拿起紙筒，硬幣消失了！

▲ Step 6：變走它容易，變回來也不難！首先，我們再讓杯子套上紙筒。

▲ Step 7：施個魔法

▲ Step 8：施法後拿開紙筒和杯子，看！硬幣又回來啦！

解開謎底

為甚麼硬幣會消失不見呢？你也可以輕易做到！

▲ Step 1：從紙上剪下一個和杯口同樣大小的圓形卡

▲ Step 2：把剪下的圓形卡黏在杯口上面（如上圖）

▲ Step 3：因杯口有白色圓形卡包著，當杯口向下放在桌上時，硬幣就會被白色圓形卡遮著，加上桌面又是白色，觀眾會以為硬幣消失了。

▲ Step 4：用紙筒蓋住杯子，只提起紙筒，硬幣就會被杯口的白色圓形卡遮著，觀眾會以為硬幣消失了。

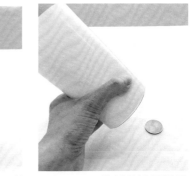

▲ Step 5：若紙筒連同杯子一併提起，硬幣就會重現。

18. 手指融化了硬幣

表演步驟

觀眾明明看著表演者拿著硬幣磨擦，但轉眼間，硬幣不見了！

▲ Step 1：右手握著硬幣，左手踏在右手上，雙手在桌上來回磨擦。

▲ Step 2：舉起拿著硬幣的右手，向著左肘上下磨擦，左手則放在後頸。

▲ Step 3：右手攤開，硬幣不見！

解開謎底

其實，右手上的硬幣，早已在神不知鬼不覺的情況下，遞給了左手了。但左手會把硬幣藏在哪裡呢？

▲ Step 1：右手握著硬幣，左手踏在右手上，雙手在桌上來回磨擦。來回磨擦時，右手悄悄把硬幣交到左手裡。

▲ Step 2：觀察以為右手帶著硬幣一起向左肘磨擦，其實，右手裡面甚麼都沒有。

▲ Step 3：左手把硬幣藏在後肩。